CENTRALE D'APICULTURE ET D'INSECTOLOGIE

RAPPORT

SUR

L'INSECTOLOGIE GÉNÉRALE

A L'EXPOSITION DES INSECTES

De 1883

AU PALAIS DE L'INDUSTRIF

PARIS
SECRÉTARIAT DE LA SOCIÉTÉ
67, RUE MONGE, 6

1883

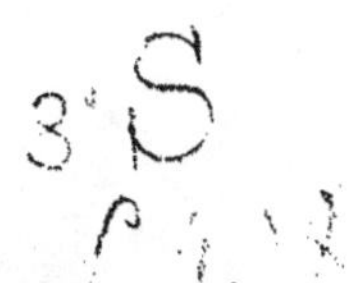

RAPPORT

SUR

L'INSECTOLOGIE GÉNÉRALE

A L'EXPOSITION DES INSECTES DE 1883

Membres du Jury: MM. Maurice Girard, président, Fallou, Jeckel, Millet et W. de Fontvielle, rapporteur (1).

Dans le premier paragraphe de leur rapport de 1880, les membres du jury d'Insectologie générale, se félicitaient hautement d'avoir à constater un progrès incontestable dans toutes les branches de l'exposition de notre Société. Ils exprimaient en même temps la conviction que cet heureux résultat devait être considéré comme une conséquence du progrès de la raison publique et de l'affermissement de nos institutions nationales.

Ce ne sont en effet que les peuples libres qui s'occupent de l'étude de la nature et surtout de la branche qui traite des êtres dont la majeure partie est invisible, mais qui malgré leurs petites dimensions produisent des désastres d'une prodigieuse étendue, dans lesquels les gens ignorants ne sont pas toujours seuls à voir le résultat du hasard, sinon de la colère d'une capricieuse divinité.

Le patriotisme de nos prédécesseurs ne les a point induits

1. Membre adjoint pour les pompes et injecteurs, M. Larbalétrier. Le secrétaire général, M. Hamet, a assisté aux opérations des jurys de toutes les sections.

en erreur. En effet nous sommes appelés comme eux à constater dans l'exposition de 1883 une amélioration des plus remarquables, qui coïncide avec l'apaisement des passions hostiles à la régénération de la France, et avec l'extension de la puissance de notre patrie dans les régions lointaines dont elle a entrepris la civilisation.

Cette fois le progrès ne se constate pas seulement par le nombre des vitrines ou les objets remarquables apportés dans nos galeries, mais par l'affluence du public et par les articles que la presse scientifique ou politique nous ont consacrés. Enfin M. le ministre de l'agriculture, en visitant nos galeries, en compagnie de M. Tisserand et des principaux fonctionnaires de son administration, a bien voulu nous témoigner officiellement l'intérêt que le gouvernement de la République prend à nos efforts, et nous promettre que pour le prochain concours un emplacement plus vaste serait mis à notre disposition.

En 1880, nous avions à décerner *l'abeille d'honneur* à M. Miot de Semur, par une exposition composée d'un nombre considérable de vitrines représentant toutes les classes d'insectes qui rentrent dans le programme de notre Société. Les individus étaient classés méthodiquement, parfaitement définis à côté des spécimens des plantes attaquées par leur dévastation. M. Miot avait toujours placé l'insecte parfait et l'insecte était parfois accompagné de sa nymphe ou de sa larve. M. Miot a augmenté sa collection de trop d'objets nouveaux pour que nous puissions entreprendre de décrire la série de ces richesses, de ces annexes nouvelles, qui comprennent des types intéressants d'insectes nuisibles, d'insectes utiles, d'insectes comestibles et d'insectes d'ornement.

Nous avons compris qu'il ne suffirait pas, en présence de tant d'efforts couronnés par un si heureux succès, d'accorder à M. Miot le rappel de la distinction dont il a été l'objet l'an dernier. En conséquence, nous avons proposé au bureau de la Société, qui l'a accepté à l'unanimité, de créer en faveur de M. Miot une récompense exceptionnelle et de lui décerner un objet d'art, qui lui sera remis avec une lettre dans laquelle le passage du rapport relatif à son exposition sera intégralement reproduit.

Quoique nous ne puissions plus désormais récompenser M. Miot, nous espérons qu'il continuera à contribuer comme par le passé à l'éclat de nos expositions. Nous sommes persuadés qu'il comprendra que le devoir du gouvernement de la République commence peut-être au moment où nous sommes obligés de nous déclarer impuissants.

Nous avons décerné l'*abeille d'honneur*, c'est-à-dire la plus haute récompense dont nous puissions disposer réglementairement, à M. Savard.

En 1880, la collection de M. Savard offrait déjà un mérite si exceptionnel que le jury d'insectologie lui avait décerné la médaille d'or du ministre, malgré le petit nombre de cadres qu'il nous avait envoyés. Cette année M. Savard a sensiblement augmenté l'étendue de sa collection, sans cesser de rester fidèle aux principes d'ordre, de clarté, et d'exactitude qui lui avaient valu ses premiers succès et que nous proposerons comme modèle aux débutants.

Mais ce qui rend surtout sa collection remarquable, c'est qu'il l'a accompagnée d'un grand nombre de jolies aquarelles représentant très exactement les principaux types d'insectes, avec une taille suffisante pour que tous les détails de l'organisation des types qu'il a choisis se gravent admirablement dans l'esprit.

C'est ce genre de travaux que le jury d'insectologie tient surtout à encourager. En effet, il faut bien se persuader que l'entomologiste accompli doit manier le crayon, et au besoin le pinceau, pour fixer le détail des organes qu'il a découverts ou les étudier, à un nouveau point de vue.

Qu'il nous soit permis de regretter qu'aucun artiste n'ait suivi cette année l'exemple qu'avait donné M. Méry qui nous a apporté en 1880 une toile représentant des abeilles et des poussins se battant pour la conquête de quelques grains de raisin. Les êtres que Virgile a chantés et qui ont inspiré Michelet, ne sont-ils pas dignes de servir de sujet à quelque peintre de genre?

Le jury de 1878 et celui de 1880 ont successivement appelé l'attention des exposants sur la nécessité de constituer des collections spéciales, dans lesquelles ils réunissaient soit les représentants d'un genre d'insectes utiles ou nuisibles, soit les divers types insectologiques d'un département ou même d'un canton.

Nous avons la satisfaction de constater que cet appel réitéré à deux reprises différentes a été entendu et que nous avons à récompenser d'une façon distinguée plusieurs exposants appartenant à l'utile catégorie des spécialités.

Le jury d'insectologie a décerné la médaille d'or du ministre à M. Masson, percepteur au Meux (Oise), pour une collection d'insectes de l'Oise, choisis parmi ceux qui sont utiles ou nuisibles aux champs, aux jardins et surtout aux forêts. Chaque insecte est soigneusement accompagné d'une note mettant en lumière d'une façon concise, mais suffisante, ses habitudes, et indiquant en même temps les précautions qu'il faut prendre pour s'en débarrasser.

La médaille de vermeil du ministère a été décernée à M. Froville, instituteur à Épinay-sur-Orge (Seine-et-Oise), pour une collection d'insectes du département préparée avec un soin remarquable, et que nous ne pouvons mieux faire que de signaler comme exemple à toutes les personnes qui voudront se distinguer de la même manière en recueillant les mêmes êtres habitant le coin de la France auquel ils sont attachés.

Le jury d'insectologie ne peut décerner ces deux récompenses sans émettre le vœu de voir ces exemples suivis sur toutes les parties du territoire de la République ; en effet, le moindre prix de ces collections n'est-il pas de réveiller l'amour de la nature chez ceux qui les forment et chez ceux qui les admirent, et d'apporter par conséquent un élément de résistance à la déplorable attraction qui précipite les populations rurales dans les centres urbains?

Il serait à désirer que les communes les plus pauvres au point de vue budgétaire, et qui sont souvent les plus riches au point du vue entomologique, trouvent le moyen de favoriser la formation de musées où l'instituteur trouverait toujours les éléments de ses démonstrations.

Ces collections auraient d'autant plus de prix que l'activité de nos concitoyens n'est plus concentrée sur notre territoire continental et qu'un généreux mouvement d'expansion, comparable à celui qui amena la création de nos établissements d'Amérique et des Indes, s'est enfin déclaré.

Ne serait-il point à désirer, que des collections formées dans les différentes parties du globe où d'héroïques Français ont versé leur sang pour la gloire et la prospérité de la Patrie, vinssent attester que les citoyens de notre République portaient dans les régions les plus éloignées l'amour de la science et le culte du progrès !

Comme nous l'avons déjà fait à plusieurs reprises, nous regretterons surtout que l'Algérie, qui a été depuis si longtemps déclarée partie intégrante de la République, ne nous ait rien envoyé. Elle aurait cependant le plus grand intérêt à appeler l'attention des inventeurs ingénieux qui abondent à Paris sur les moyens de détruire les insectes spéciaux dont elle souffre, notamment les criquets voyageurs, vulgairement les sauterelles, dont il paraît que le gouvernement anglais est parvenu à débarrasser radicalement l'île de Chypre en faisant détruire les œufs dans les lieux de ponte, et à propos desquelles le gouvernement des États-Unis vient de publier une enquête des plus intéressantes.

Nous décernons une médaille d'argent du ministre à M. Rouanet Suquet, à Clermont (Hérault), pour son exposition spéciale du Colaspe de Luzernes du Midi de la France. Nous devons ajouter que cet exposant a joint à son cadre une excellente brochure dont la lecture ne saurait trop être recommandée. Nous l'engageons de plus à imiter ce qu'a fait en 1880 M. Rouvier, qui nous avait envoyé une magnifique collection de charançons de France et à qui nous avons accordé l'autorisation de faire photographier ses vitrines sous les auspices de la Société.

Ce n'est point diminuer le mérite de M. Rouanet Suquet, mais plutôt l'augmenter, en regrettant que cet exposant n'ait point eu de nombreux rivaux, car si nous consultons les bibliographies spéciales, nous sommes frappés du développement que prennent à l'étranger les monographies, qui toutes supposent l'établissement préalable de collections fortement spécialisées.

Nous rappellerons à ce propos qu'en 1880 un de nos exposants avait eu l'heureuse idée de nous apporter une vitrine renfermant tous les ennemis d'un des végétaux les plus utiles, le chêne liège, et que malgré l'élévation de la récompense qui lui a été accordée, il n'a point eu d'imitateur. Nous espérons que l'insectologie sylvicole sera plus richement représentée dans notre future exposition.

Nous accordons un rappel de médaille de 1re classe à M. Vaillant, instituteur, à Margny, près Compiègne, pour son exposition. Nous ne pouvons nous empêcher de regretter que plusieurs échantillons laissent beaucoup à désirer. Nous espérons que la récompense élevée que nous lui donnons, l'engagera à renouveler une partie de ces exemplaires et à augmenter ses descriptions. En lui décernant ce rappel de médaille de 1re classe, nous avons eu pour but non seulement de récompenser ses efforts, mais surtout d'exciter chez ses collègues et chez ses élèves, le goût de l'histoire naturelle et le désir de former des collections.

Nous avons accordé la médaille d'argent grand module de la Société des agriculteurs de France à M. le Dr Adolphe Blankenhorn, de Carlsruhe (duché de Bade), pour des préparations microscopiques qui ont été utilisées dans nos conférences, et des objets conservés dans l'acool relatifs au phylloxera.

Nous ferons remarquer qu'il existe en France une commission spéciale payée par le budget, pour s'occuper de la destruction du phylloxera, que cette commission a publié de nombreux travaux dont il n'y a point en ce moment à examiner la valeur, mais qui sont exécutés aux frais du trésor public. — Il y a à Paris d'habiles artistes qui ne craignent pas de rivaux dans l'art de disposer les objets d'histoire naturelle pour le microscope. Le Phylloxéra nous cause des désastres qui, si on les totalise, arrivent à un total supérieur au chiffre de l'indemnité payée aux Allemands; cependant c'est de l'autre côté du Rhin, que nous avons reçu les seuls documents que nous ayons pu montrer au public qui a fréquenté nos conférences et notre exposition, sur un ennemi des plus dangereux de notre richesse nationale.

La distinction accordée à M. Blankenhorn doit donc être considérée non seulement comme une récompense à un savant éminent, mais comme un avis à nos plus éminents entomologistes français.

Nous avons décerné une médaille de vermeil petit module à M. Morel pour l'ensemble de son exposition, dans laquelle figurent des squelettes de petits animaux que des insectes ont dépouillés avec une netteté et une précision dépassant celle du plus habile préparateur d'anatomie.

C'est encore à M. Morel que l'on doit une partie de l'exposition qui a vivement attiré l'attention du public. C'est lui qui nous a envoyé l'oiseau de Minerve, qui, dans une république athénienne, ne saurait jamais être mal reçu. Cet oiseau a été placé au milieu d'une série de cages où les petits rongeurs dont il se nourrit ont été réunis avec beaucoup de goût.

Nous ne saurions que réitérer les conseils que nous avons déjà donnés à M. Morel, et à l'engager de continuer à nous apporter en spécimens vivants les petits êtres qui intéressent tous les penseurs et dont l'organisation compliquée soulève tant de problèmes différents ; car la création d'une ménagerie d'insectes est un des buts que nous nous proposons d'atteindre, et rien n'est plus utile pour l'obtenir que le spectacle offert dans nos galeries, par des expositions du genre de celle que nous avons la grande satisfaction de récompenser en ce moment. Qu'il nous soit cependant permis d'ajouter ceci : nous espérons qu'en rentrant plus directement dans le cadre d'insectologie, un de nos exposants les plus anciens et les plus méritants nous donnera l'occasion de récompenser d'une façon plus complète encore ses travaux et ses succès.

Nous avons le plaisir de décerner une médaille de première classe à M. Maillet, instituteur à Faverney, qui avait été déjà récompensé en 1880 par nos collègues de la section d'enseignement, mais dont l'exposition, quoique peu nombreuse, offre un véritable mérite scientifique et présente une série d'échantillons bien remarquables de la faune insectologique du département de la Haute-Saône. En 1880, la section de l'enseignement avait recommandé cet exposant à M. le ministre de l'Instruction publique pour les palmes académiques, nous avons quelques raisons pour croire que nous serons mieux écoutés cette fois.

M. Wallès de Paris nous a représenté une collection d'insectes que nous avions déjà récompensée en 1880. Mais il y a ajouté des objets nouveaux et il l'a surtout enrichie d'une série de tableaux explicatifs qui sont consacrés chacun à un insecte, et qui donnent une idée très exacte de son organisation ainsi que de sa vie. Une médaille de 1re classe a récompensé les livres de M. Wallès et les efforts qu'il a faits pour suivre nos avis.

Nous accordons la même récompense à M. Lesueur, de Paris, pour une collection de reptiles et de batraciens vivants qui ont attiré l'attention des visiteurs et qui ont contribué au succès de notre exposition. Une des cases des insectivores de M. Lesueur a été le théâtre d'une éclosion fort intéressante de mouches, mais dont la malheureuse grenouille a été, si nous ne nous trompons, victime. Peut-être, écrasé par le nombre, cet infortuné batracien a-t-il succombé aux ennemis dont il devait triompher ?

Ce n'est pas la première fois que nous sommes appelés à enregistrer les succès de M. Lesueur qui, se livrant à l'éducation des animaux vivants, arrivera, s'il persévère, à conquérir les plus hautes distinctions dont nous puissions disposer.

Nous accordons une médaille de seconde classe à M. Louis Chevalier, de Chatou, pour une collection qui n'est point irréprochable. Mais M. Louis Chevalier est un homme d'initiative et si sa collection laisse à désirer au point de vue de la régularité, de la disposition et de la conservation des sujets, elle indique chez l'exposant une véritable intelligence des moyens de faire prospérer l'insectologie. M. Louis Chevalier nous a apporté des rondins de bois attaqués par des scolytes qui étaient vivants et dont on a pu parconséquent étudier les mœurs. On a vu ces animaux sortir de la tanière qu'ils s'étaient creusée, rentrer chacun dans la sienne, et respecter le droit de propriété avec une fidélité dont les disciples de Louise Michel ne seraient pas toujours capables.

M. Louis Chevalier nous a montré une petite mouche qui dévore les punaises, et qu'il voudrait acclimater dans nos appartements, elle jouerait vis-à-vis de ce dégoûtant parasite le rôle que le chat joue vis-à-vis des souris.

M. Louis Chevalier est au nombre des chercheurs qui pensent qu'il n'est point impossible de découvrir le *Lion du phylloxera*. Il a accompagné son exposition d'un catalogue des insectes qu'il a présentés. C'est une excellente habitude que nous aimerions à voir se propager, de même que celle de constituer un herbier des plantes attaquées par les insectes. Ces deux pratiques qui tendent à se répandre et dont M. Miot lui-même a donné l'exemple ne sauraient être trop énergiquement recommandées à nos futurs exposants.

De même qu'à M. Chevalier, nous accordons à MM. Dorléans frères une médaille de seconde classe. Ces deux jeunes gens nous avaient déjà présenté en 1880 la collection que nous récompensons aujourd'hui. Mais, en 1880, nous accordions un encouragement à de bonnes intentions, aujourd'hui nous constatons des succès réels ; nous sommes heureux de voir que notre indulgence a produit de très heureux effets.

Nous récompenserons d'une médaille de seconde classe

M. Cazet, instituteur à Villeneuve, près Semur (Côte-d'or), qui nous a présenté une collection d'insectes donnant prise à la critique. Mais cet exposant a eu l'heureuse idée de nous apporter un croquis représentant les galeries conduisant à un nid de courtilière. Quoique le croquis ne soit pas exécuté lui-même d'une façon très artistique, il nous a permis de donner à l'auteur la récompense que nous avons la satisfaction de lui décerner.

Nous avons décerné une médaille de seconde classe à M. Charles Leprevost, à Paris, pour une collection estimable d'insectes de France, et à M. Chrétien, de Paris, pour une collection de chenilles soufflées. M. Chrétien a eu l'heureuse idée d'employer des produits tinctoriaux pour conserver la couleur de ses pensionnaires et complèter l'illusion.

M. Bravet, de Paris, reçoit une médaille de seconde classe pour une exposition d'insectes aquatiques qui est fort intéressante, mais que nous aurions désirée plus nombreuse. Il serait également à souhaiter que les exposants d'insectes vivants profitassent de l'ingénieuse invention de M. Pouget dont il sera question dans la section des instruments d'optique. En organisant leurs cases de la sorte ils produiraient des effets dont ils ne se doutent même pas. Ils pourraient ainsi accrocher avec des chaînes près de leurs cases ou de leurs aquariums de grosses taupes mises à la disposition du public, comme nous l'avons vu faire dans quelques musées d'anatomie.

M. Guérin, de Paris, nous a apporté une magnifique collection d'animaux tinctoriaux et pharmaceutiques dont il a fait cadeau à la Société.

Cette collection est accompagnée d'un cadre renfermant des figures en cire d'une exécution parfaite représentant les trichines et les ténias dans leur état naturel et avec un grossissement qui va jusqu'à 300 fois.

Les parasites de cet ordre rentrant directement dans le cadre de notre exposition, nous ne pouvons que signaler l'extrême intérêt avec lequel nous les avons examinés.

Nous ajouterons que l'impuissance dans laquelle nous

sommes de récompenser de si magnifiques objets d'art scientifiques, est un des arguments que le jury d'insectologie générale compte employer auprès de la Société pour obtenir que le cadre des expositions soit agrandi de manière à contenir tous les êtres nuisibles dont le microscope a appris à connaître l'existence, et dont le rôle dans l'économie publique et privée est maintenant établi par des recherches dont la Chambre des députés vient de constater officiellement le succès. Il faut que dorénavant nos galeries puissent offrir à l'admiration publique les travaux des savants qui recherchent les agents de propagation des épidémies qui nous déciment, jusque dans l'air que nous respirons et dans l'eau que nous buvons. Il faut encore que les visiteurs puissent comprendre les transformations étranges des parasites qui attaquent de tant de manières différentes les personnes et les animaux.

Notre rôle serait en effet incomplet si nous ne parvenions à populariser des découvertes d'un ordre si élevé parce qu'elles ne rentrent pas directement dans le domaine de l'insectologie.

Nous avons accordé un rappel de médaille de seconde classe à M. Houry pour une collection d'insectes utiles et nuisibles qui nous ont déjà été apportés, et à M. Legay une mention honorable pour une collection nouvelle, mais à propos de laquelle nous n'avons aucune observation particulière à présenter.

Nous ne pouvons plus heureusement terminer la nomenclature des récompenses accordées à l'insectologie proprement dite qu'en annonçant que nous avons accordé une médaille de bronze à M. le R. P. Leroy pour une série très remarquable d'insectes apportés de Zanzibar. La récompense que nous accordons aurait été beaucoup plus élevée si M. Leroy avait pris la peine d'effectuer la classification et la détermination de ces êtres extrêmement remarquables par leur couleur, par leur volume et par leur beauté.

Heureusement M. Leroy a eu l'idée de traiter avec plus d'attention l'objet peut-être le plus curieux que montre notre exposition : nous voulons parler de la fameuse mouche *Tzet-Tzé* qui constitue à elle seule le principal obstacle à la civilisation de l'Afrique orientale.

Cette mouche était elle-même accompagnée d'un traité fort intéressant, qu'un grand nombre de personnes ont lu avec le plus vif intérêt, et qui nous apprend que la piqûre de cette mouche, mortelle pour tous les animaux domestiques, n'est que douloureuse pour l'homme dont ils sont les auxiliaires. N'y aurait-il pas à appliquer la méthode de M. Pasteur à la protection des bœufs et des chevaux et à trouver un vaccin spécial contre une affection charbonneuse spéciale ? C'est une question que nous nous contentons de poser, mais dont la solution rendrait à la civilisation un des pays les plus riches du monde entier.

En 1880 les insectes ornementaux étaient richement représentés par une bijouterie spéciale. D'habiles artistes nous avaient apporté les merveilleux objets qu'ils ont constitués en utilisant les couleurs véritablement ravissantes de certains coléoptères des régions tropicales. Nous regrettons de ne pas avoir vu figurer dans nos galeries une industrie si éminemment parisienne, et que nos visiteurs avaient si bien appréciée.

En revanche nous avons cette année un nombre plus considérable de cadres ornementaux, dans la composition desquels les exposants ont développé un art et un goût que nous regrettons de ne pouvoir mieux récompenser, mais notre exposition a surtout pour but d'encourager l'étude des mœurs et des habitudes des insectes, ainsi que l'art de les reconnaître et de les classer ; nous nous écarterions donc trop du but de notre institution, si nous réservions nos grandes récompenses à ce genre, estimable cependant, de travaux. En conséquence nous avons accordé des médailles de 2e classe, grand module, à M. Huchenard, de Paris, pour des lépidoptères qu'il a choisis dans les environs ; des médailles de bronze à M. Souloumiac, de Paris, pour cadre ornemental de lépidoptères de différentes provenances ; à M. Paul Berton, de Bordeaux, pour cadre ornemental d'insectes de différentes classes; à M. Souap, de Paris, pour cadre ornemental de lépidoptères. Nous espérons qu'encouragés par les premiers succès, les divers lauréats ne se borneront point à exercer leur talent dans une spécialité que nous regrettons de ne pouvoir mieux encourager.

Avant de quitter l'insectologie proprement dite, nous devons récompenser à titre de collaborateurs quelques exposants qui nous ont prêté un utile concours, mais qui ne rentrent pas d'une façon directe dans le cadre de notre exposition.

En conséquence nous avons accordé une médaille de 1re classe à M. Lebel, de Paris, pour sa collection améliorée et augmentée de grenouilles en tableau ; quoique ces vitrines soient tout à fait accessoires, nous ne craignons pas de dire que notre exposition serait incomplète, si M. Lebel n'y figurait, car nos visiteurs ont pris l'habitude d'aller se divertir, en présence des charmants tableaux qu'il nous montre, et nous sommes persuadés que surtout en France, il ne faut jamais perdre de vue les préceptes du poète, et négliger de mêler, comme il le recommande, l'utile à l'agréable.

Nous décernons une autre médaille de 1re classe à un collaborateur distingué, M. Guiliaumin, auteur d'une remarquable collection de coquilles dans la composition de laquelle il a fait preuve d'une science et d'une exactitude qui pourrait servir de modèle à plusieurs de nos lauréats.

Nous accordons au même titre une médaille d'argent à M. Boureau pour l'emploi ornementatif de coquilles de limaçons enchâssées dans un meuble rustique.

Qu'il nous soit permis de regretter l'absence de l'appareil de démonstration de M. Marey pour établir les lois du vol des insectes, et des pièces d'anatomie plastique du docteur Auzoux. Nous signalerons encore parmi les lacunes, celle de la photographie employée au grossissement des insectes.

Mais avant de passer à l'examen d'une autre section, le Jury d'insectologie doit rendre justice à un homme qui s'est mis hors concours à double titre pour son exposition, par ce qu'il lui appartient ainsi qu'au bureau de la Société, sans vouloir parler de notre collègue et ami M. Millet, auteur des nichoirs artificiels et de la collection d'estomacs d'oiseaux insectivores, qui est un des plus beaux ornements de cette exposition, et qui est le résultat de trente-cinq années de travaux.

On peut dire que par cette création M. Millet a modifié complètement l'opinion publique et créé en faveur des oiseaux insectivores un courant puissant qui a largement profité à l'agriculture et qui a permis à la Société protectrice des animaux d'étendre son action tutélaire sur les auxiliaires les plus gracieux et les plus utiles que la nature ait pu nous donner.

Heureusement les nombreuses conférences si bien suivies que M. Millet a faites dans cette salle et dont la dernière séance a été honorée de la présence du ministre de l'agriculture, nous permettent d'accomplir un devoir de justice scientifique, en décernant, en souvenir de ces services exceptionnels, un diplôme d'honneur à M. Millet.

Depuis quelque temps la sympathie publique a été acquise à l'industrie, trop longtemps dédaignée ou ridiculisée par des sceptiques, des produits insecticides. Il faut avouer que la menace d'une visite du choléra, contre lequel de sages mesures préventives arriveront certainement à nous protéger, est venue donner à ces recherches utiles une véritable opportunité.

Dans le rapport de 1880 les produits insecticides ne figuraient que d'une façon tout à fait accessoire. En effet les exposants ne nous avaient apporté que des substances connues, appréciées depuis longtemps, et dont il était par conséquent inutile de décrire les effets.

Nous ne nous étendrons pas plus que nous ne l'avons fait il y a trois ans, sur les exposants de cette classe intéressante qui exploitent les produits du Pyrèthre ; nous nous bornerons à dire qu'on a constaté encore une fois, chez tous les concurrents, un progrès réel dans la diminution des prix et la meilleure qualité des produits, ainsi que dans l'augmentation des centres de production.

Nous avons accordé dans la classe des *matières insecticides* une médaille de première classe à la maison Desille si avantageusement connue par son ancienneté et l'étendue de sa clientèle.

Des médailles de seconde classe ont été accordées à M. Razzia, de Paris, pour sa poudre de Pyrèthre ; à M. Touery, de Paris, pour sa poudre monténégrine ; et à M. de Meyer, de Paris, pour l'ensemble de son exposition, dans laquelle figure un insecticide liquide, un ballon tue-mouche et un encaustique insecticide, sur lequel nous demandons la permission d'appeler l'attention. En effet nous croyons que l'idée de mélanger un insecticide avec la matière qui donne le brillant aux meubles et aux planchers est parfaitement d'accord avec ce que l'entomologie nous apprend des mœurs des parasites les plus redoutables et les plus répugnants qui se mettent dans les rainures de nos parquets et dans les interstices de nos bois de lits. Cet exposant aurait certainement obtenu une récompense d'un ordre plus élevé, si l'époque relativement récente de l'invention avait permis de faire des essais sur une échelle beaucoup plus étendue.

Nous avons accordé une récompense du même ordre (médaille de seconde classe) à M. Roseau, de Paris, pour sa poudre insecticide, à base d'infusoires, dans la préparation de laquelle il emploie d'une façon très heureuse les plus petits êtres de la création ; à M. Pelletier, de Paris, pour ses pièges à mouche et ses appareils divers pour la préservation des plantes contre les insectes ; à M. Pénot, de Paris, pour ses appareils de chasse et de récolte des insectes, ainsi que des cartons et des boîtes à insectes. De même à M. Guyon, de Paris.

Rappel de médaille de 2e classe à M. Daubin, de Paris, pour ses papiers tue-mouches.

Médaille de bronze du ministère à M. Zamperoni (Italie) pour des pastilles combustibles destinées à protéger contre les moustiques. Heureusement ces insectes désagréables sont trop peu connus à Paris pour que nous ayons pu faire l'épreuve par nous-même de cette fumigation ; nous la recommandons à nos compatriotes d'Algérie. Nous ferons remarquer que cette manière de tuer les insectes nuisibles fait involontairement songer aux sacrifices que les prêtres païens recommandaient pour arrêter les épidémies. Ne dirait-on pas que la superstition a eu comme l'intuition des moyens que la science pouvait employer plus tard avec succès. Ce n'était pas à la suite d'une connaissance réelle de l'effet toxique des fumigations qu'ils en recommandaient l'emploi.

Nous avons voté le rappel d'une mention honorable en faveur de M. Pays, de Saint-Cyr-l'École, exposant très recommandable par le zèle avec lequel, malgré une infirmité redoutable, il continue à s'occuper de la question du phylloxera et sur lequel nous appellerons la bienveillance de l'administration.

Une idée encore bien nouvelle et qui fait son chemin à grands pas, c'est d'incorporer la matière insecticide dans un engrais favorable au développement de la plante que l'on a l'intention de protéger.

C'est pour nous un devoir de constater qu'un grand nombre d'exposants nous ont apporté des produits fort intéressants en eux-mêmes, et plus encore peut-être par les méthodes nouvelles dont certaines sont une première et heureuse application.

Nous avons accordé une médaille de 1re classe à M. Serpin, de Paris, pour ses engrais à base de goudron qui exhalent au loin leur odeur caractéristique et sont fabriqués en grande quantité. M. Serpin a, en outre, eu l'heureuse idée de nous envoyer une exposition très complète dans laquelle on voit des échantillons de toutes les substances qu'il emploie pour insecticider l'engrais lui servant de *substratum*. Nous avons accordé la même distinction à M. Dubreuil, de Gouern, près Paimbeuf, pour ses engrais provenant de résidus de la fabrication de l'iode par les varechs. Les résidus qui possèdent une puissance insecticide reconnue sont réduits en farine. Cette précaution en permet la facile assimilation par les plantes. M. Dubreuil fabrique également une farine beaucoup plus fine encore, qui permet d'employer pour l'arrosage ou même la pulvérisation horticole l'eau dans laquelle la farine Dubreuil a été delayée.

L'extrême abondance des varechs, que des navires spéciaux vont maintenant cueillir sur les prairies marines, promet un débouché illimité à cette nouvelle industrie. Nous n'avons pas besoin d'appeler d'une façon spéciale l'importance des services que l'invention de M. Dubreuil rend aux arts chimiques en faisant entrevoir l'époque où une substance aussi utile que l'iode pourra être produite à bon marché.

M. Schubler, de Paris, médaille de seconde classe pour ses engrais insecticides qui sont tous parfaitement incorporés, et qui donnent une substance excessivement assimilable.

Nous devons ajouter que M. Schubler nous a fait remettre des certificats très honorables ; mais ils nous sont parvenus d'une façon trop tardive pour que nous puissions nous prononcer expressément sur leur valeur.

Nous arrivons maintenant à la classe des exposants qui se sont proposé la conservation des matières putréfiables dont le rôle des insectes est de s'emparer, de sorte que tous les produits qu'ils emploient doivent être rangés dans la classe des insecticides.

Le Jury d'insectologie accorde un diplôme d'honneur à M. Pennès,de Paris,pour son emploi du vinaigre salycilé,à l'usage externe antiseptique.

Les visiteurs de notre exposition ont tous remarqué une magnifique vitrine dans laquelle se trouvent des viandes de mammifères, des pièces anatomiques et des crustacés admirablement conservés par un procédé fort ingénieux, et qui ne donne prise à aucune critique, tant que les produits salycilés ne sont point destinés à l'alimentation.

Nous avons accordé une médaille de 1re classe à la Société américaine pour la conservation des fourrures à l'aide d'un procédé des plus simples. Il consiste à placer dans les boîtes où l'on veut serrer des vêtements susceptibles d'être dévorés par les insectes, des papiers goudronnés avec les résidus de la fabrication du gaz dont MM. Serpin, Schubler, etc. ont fait déjà un usage des plus heureux à l'aide de leur incorporation des matières pulvérulentes.

Nous avons donné une médaille de 1re classe à M. Turecki dont l'exposition mérite une mention particulière.

M. Turecki a imaginé un liquide à très bon marché dont la tonne revient à 30 francs, et dont on consomme des quantités insignifiantes pour conserver les peaux. Avec le procédé de M. Turecki, les cuirs verts n'auraient plus cette odeur répugnante qui infecte les docks, où l'on reçoit par exemple les envois de l'Amérique du Sud,

M. Turecki a exécuté à l'exposition même de très belles expériences à l'aide de peaux de lapin qui se conservent de la façon la plus absolue. Il a même remis en quelque sorte à neuf des peaux dont la putréfaction avait commencé à s'emparer.

Le procédé employé par M. Turecki est purement et simplement l'immersion dans son liquide qu'il forme à l'aide de la dissolution d'un sel facile à transporter à l'état sec. Cet exposant est un homme de science peu habitué aux spéculations industrielles, qui serait désireux de trouver un associé plus entendu que lui.

Puisse le certificat que nous lui donnons de grand cœur et les spécimens nombreux qu'il a à sa disposition lui permettre de trouver l'aide qu'il désire ; c'est avec une grande satisfaction que nous apprendrons qu'il a réussi.

M. Bobeuf, de Paris, dont le phénol a trouvé des applications si multiples, a reçu une médaille de 2e classe ainsi que M. Désobry, de Paris, pour le Thymol, substance anti-miasmatique qui figure pour la première fois dans nos galeries. Sans être aussi suave que le prétendent certaines personnes, l'odeur du Thymol n'est pas réellement repoussante, lorsqu'il n'est point employé en trop grande abondance. Nous devons signaler cet exposant pour un pas fait dans la recherche d'odeurs qui soient agréables à l'homme et mortelles pour les insectes. Il faut espérer, en effet, que l'on finira par donner raison à l'empirique qui, dans la chanson bien connue où il célèbre les vertus de son spécifique, s'écrie :

C'est le vrai parfum des bouches
Flattant tous les odorats,
Il tue à vingt pas les mouches
Et donne la mort aux rats.

Nous avons donné une médaille de 1re classe à M. Hazard, de Paris, pour sa pompe, sans engrenages ni piston, qui fonctionne très bien et qui est réduite à ce que l'on peut considérer comme le comble de la simplicité. En effet, sa pompe se compose d'un simple tube en caoutchouc sur lequel viennent rouler alternativement deux galets.

Une médaille d'or, petit module, à M. Drouat, de Boulogne, pour sa pompe perfectionnée à air comprimé. La partie supérieure est un réservoir dans lequel on comprime l'air avec une pompe, de manière à lui donner une pression qui peut aller jusqu'à 4 ou 5 atmosphères. Il résulte de cette disposition ingénieuse qu'un jet de liquide insecticide peut aller atteindre les insectes xylophages jusqu'au sommet des arbres les plus élevés. C'est une véritable artillerie de campagne destinée à foudroyer les parasites habitant les dernières branches de nos géants forestiers.

Une médaille de 1re classe, petit module, à M. Dufour, de Paris, pour ses insufflateurs fort ingénieux dans lesquels le pouvoir mécanique de l'air comprimé à l'aide d'une boule de caoutchouc produit le meilleur effet. Cet insufflateur ne peut pas seulement servir à détruire les insectes, mais à arroser les appartements avec de l'eau pure ou de l'eau parfumée. Les dames peuvent en faire usage avec avantage pour asperger leur visage, leurs mains avec de l'eau de Cologne, et même avec de la poudre de riz. Il est bien à regretter pour M. Dufour que la mode d'employer la poudre, comme nos arrière-grands-pères, ne revienne pas, il ferait en peu de temps une fortune considérable, et on pourrait lui promettre la pratique des membres de la Société d'apiculture et d'insectologie.

Une médaille de bronze a été décernée à M. Brion, de Verdun, (Meuse) pour son pal injecteur, instrument très recommandable par sa simplicité, sa rusticité et son bon marché.

Nous avons accordé une médaille de bronze à M. Guyon, de Paris, et une autre à M. Penot, de Paris, pour leurs boites, leurs épingles, leurs appareils à prendre les insectes. Ces instruments simples sont nécessaires, et sans eux il n'y a pas d'insectologie ; à M. Ravenac, de Paris, pour ses échelles propres à l'échenillage, genre d'invention dont on s'était trop peu préoccupé jusqu'à présent et qui n'est pourtant pas sans importance, car la peine que l'échenilleur met à atteindre l'insecte qu'il poursuit se traduit par un surcroit de dépenses, et compte, par conséquent, dans les frais généraux de l'exploitation agricole.

Nous donnons à M. Ravenet, de Paris, une médaille de bronze pour la fabrication d'un peigne remarquable par sa souplesse et qui permet d'atteindre sûrement sans écorcher le patient, les parasites de tous les animaux domestiques; le peigne perfectionné est d'un excellent usage pour l'homme lui-même.

M. Ravenet obtient cet effet d'une façon très simple.

Ses peignes sont fabriqués à l'aide d'une machine qui découpe très régulièrement les dents de plusieurs peignes, et le procédé de fabrication est le même, qu'il s'agisse d'ivoire, de corne, de bois ou de celluloïde.

Mais les dents des peignes découpés à la mécanique sont dures; il faut pour les assouplir, les finir et les sculpter à la main en arrondissant les angles. C'est ce que M. Ravenet fait d'une façon très remarquable.

A notre prochaine exposition nous lui avons conseillé de revenir avec des peignes dont une moitié soit brute, et l'autre à demi façonnée. Ce sera un excellent moyen pour démontrer toute l'importance de la préparation dernière qu'il fait subir aux objets sortant de ses magasins.

En terminant la revue des moyens divers employés pour nous débarrasser des insectes, nous sommes obligés d'exprimer le regret de voir que les tentatives faites pour populariser l'usage alimentaire des insectes aient fait si peu de progrès, et que sous ce point de vue encore nous soyons si en arrière des Chinois, et même il faut bien le dire des singes qui, comme M. Millet nous l'a très spirituellement rappelé, vont jusqu'à manger leurs poux.

Nous ne croyons pas qu'il faille aller jusque-là, mais nous ne pensons pas qu'il soit raisonnable de perdre de vue, au moins en insectologie, cette parole de l'empereur romain qui disait que le cadavre d'un ennemi n'a jamais senti mauvais. Nous croyons donc qu'il manquera toujours quelque chose au banquet de la Société d'insectologie tant qu'il n'y aura pas au moins de la farine de sauterelles, et une friture de vers blancs.

La classe des instruments d'optique renferme encore cette année plusieurs exposants fort intéressants et qui ont à nos yeux le grand mérite d'avoir suivi les avis que nous leur avons donnés.

Nous donnons à M. Mirard, de Paris, un diplôme d'honneur pour ses instruments d'optique. Nous signalerons surtout ses microscopes à platine mobiles, qui sont fort utiles pour les démonstrations par le professeur d'entomologie.

Cet exposant a imaginé cette année une petite crémaillère fort simple qui permet de changer le centre de la rotation, de sorte que le microscope vient répondre successivement sur plusieurs points du périmètre. Le perfectionnement permet de placer sur une platine de dimensions très faibles (trente centimètres de diamètre) jusqu'à 36 préparations, ce qui doit suffire pour la leçon la plus chargée.

Nous avons donné à M. Malet une médaille de première classe, grand module, pour un genre d'instrument dont nous ne saurions trop faire l'éloge ; car, ainsi que nous l'avions dit dans le rapport de 1880, il est le moyen le plus efficace de populariser le but des études insectologiques.

Si nous ne nous refusons jamais à reconnaître les mérites de ces instruments destinés à permettre les découvertes de la science transcendante, nous ne cachons point notre prédilection pour ceux qui sont destinés à être mis dans les mains des travailleurs. En effet, nous sommes persuadés que c'est en s'initiant eux-mêmes aux merveilles de l'insectologie, qu'ils reconnaitront la vanité des déclamations grossières à l'aide desquelles des ambitieux de bas étage, aussi ignorants que grossiers, cherchent à exploiter les plus déplorables illusions et à perpétuer les plus déplorables malentendus.

Sans avoir été condamné à augmenter le prix de ces charmants appareils, M. Malet est parvenu à en faire un petit laboratoire d'entomologie ambulante, que chaque promeneur peut emporter dans sa poche et qui ajoute prodigieusement au charme de chaque excursion.

On sait que le microscope dont le principe a été indiqué par lord Stanhope, a été fabriqué pour la première fois par M. Dagron, l'habile photographe auquel on doit les correspondances microscopiques du siège de Paris.

Cet instrument dont le principe est des plus simples se recommande surtout parce qu'il n'exige d'autre manœuvre que de coller les objets à grossir sur la face plane destinée pour les recevoir.

Les observateurs se plaignaient de manquer de lumière. M. Malet vient de résoudre cette difficulté à l'aide d'un excellent miroir plan. Nous espérons que l'envers pourra bientôt servir à recevoir un miroir concave dont les effets seront encore plus puissants.

L'autre extrémité du tube qui sert de support au Stanhope a été pourvue d'une loupe d'un fort grossissement. Une épingle sur laquelle les insectes peuvent être piqués, a été placée, à l'aide d'une disposition des plus simples et des plus commodes, à la distance de la lentille la plus convenable pour l'inspection. Enfin la lentille, qui sert à cette étude peut être associée à une autre de manière à constituer une loupe double du genre, correction qui à elle seule coûterait autant que le petit arsenal optique mis en vente par M. Malet.

Il reste encore à disposer un emballage plus commode qu'une boîte, de telle sorte que tout l'ensemble puisse se placer dans le gousset en y comprenant les épingles et les accessoires nécessaires pour l'étude sommaire de la récolte insectologique.

Rappel d'une médaille de 1re classe à M. Poujet, de Genève, pour ses instruments d'optique.

Nous avons remarqué dans la vitrine de cet exposant une case à insectes dont le plafond est formé par une grosse loupe.

L'idée est excellente et nous n'avons à exprimer qu'un regret, c'est que l'on n'ait pas songé à placer quelques animaux dans l'intérieur de cette petite prison ; nous sommes certains que l'ingénieuse invention de M. Poujet, qui a passé à peu près inaperçue, aurait obtenu un très grand et très légitime succès. Nous pensons que l'inventeur saura mieux faire valoir son œuvre la première fois qu'il nous la soumettra.

Nous avons accordé une médaille de bronze à M. Desaix, de Paris, pour ses petits microscopes qu'un si grand nombre de visiteurs ont tenu à emporter comme un souvenir de notre exposition.

Nous regrettons d'avoir à terminer un rapport où nous accordons tant d'éloges si justement mérités en signalant quelques oublis. Mais il nous est impossible de ne pas insister sur l'intérêt qu'offrirait une collection de petits insectes ou d'organes de ces animaux disposés comme le sont les photographies microscopiques du système d'Agron.

Qu'il nous soit permis de demander aux spécialistes s'il ne serait pas possible, sans trop de dépense, de disposer ainsi les insectes fossiles qui se trouvent emprisonnés dans l'ambre, de sorte qu'en façonnant la surface de la matière gommeuse où ils ont trouvé la mort, il y a un si grand nombre de siècles, on arriverait à mettre mieux en évidence les détails de leurs organisations et les analogies qui les rapprochent des insectes analogues vivant sur les conifères de nos forêts contemporaines.

En effet, un des moindres avantages de l'étude des insectes n'est-il pas de mettre en évidence la puissance et l'intelligence divine du pouvoir organisateur des mondes, qui nous a créés sans doute afin que nous puissions admirer librement son œuvre, et, en suivant les sublimes intérêts de notre nature, travailler au bien de l'humanité, ainsi qu'à la gloire de notre Patrie (1).

Liste des lauréats de l'insectologie à l'exposition des insectes de 1883.

Section d'insectologie générale. Entomologie appliquée aux insectes utiles et nuisibles.

M. MIOT, de Semur (Côte-d'Or), — très belle collection d'insectes utiles et nuisibles de tous pays, avec spécimens de dégâts, collection augmentée de sujets nouveaux. — *Un objet d'art.*

M. SAVARD, de Paris, — collection d'insectes utiles et nuisibles de la France, avec spécimens de dégâts, collection augmentée d'échantillons récents et de nouvelles aquarelles. — *Abeille d'honneur.*

M. MASSON, percepteur à Meux (Oise), — collection d'insectes de l'Oise, utiles ou nuisibles aux champs, aux jardins et surtout aux forêts. — *Médaille d'or du ministre de l'agriculture.*

M. FROVILLE, instituteur à Epinay-sur-Orge (Seine-et-Oise), — collection scolaire d'insectes du département. — *Médaille de vermeil du ministre de l'agriculture.*

M. EMILE RENAULT, de Paris, — vélins d'insectes lépidoptères et de chenilles. — *Médaille d'argent du ministre de l'agriculture.*

M. ROUANET-SUQUET, à Clermont (Hérault), — exposition spéciale avec brochure à l'appui de toute l'étude du colaspe des luzernes du Midi de la France. — *Médaille d'argent du ministre.*

M. le Dr ADOLPHE BLANKENHORN, de Carlsruhe (Allemagne), — préparations microscopiques et objets dans l'alcool relatifs au phylloxera et à ses insectes destructeurs. — *Médaille d'argent g. m.* de la Société des agriculteurs de France.

1. Les lauréats qui désireront plusieurs exemplaires de ce rapport, les trouveront, au prix de 50 cent., au Secrétariat.

Médaille de 1re classe (1). M. Maillet, instituteur à Faverney (Haute-Saône), — collection scolaire des insectes du département.

Cet instituteur sera proposé de nouveau au ministre de l'instruction publique pour les palmes académiques.

Id. M. Wallès, de Paris, — collection d'insectes déjà exposée en 1880, augmentée et enrichie de tableaux explicatifs nouveaux.

Id. M. E. Lesueur, de Paris, — collections de reptiles et batraciens vivants et dans l'alcool, animaux insectivores utiles à l'agriculture.

M. Lebel, de Paris, pour ses collections de batraciens en tableaux.

Médaille de vermeil p. m. M. Morel, de Paris, pour l'ensemble de son exposition : squelettes façonnés par les insectes corrodants, etc.

Médaille de 2e classe : M. Louis Chevalier, de Chatou (Seine-et-Oise), — collection d'insectes utiles et nuisibles.

Id. MM. Dorléans frères, de Paris, — collection d'insectes utiles et nuisibles de la France et un spécimen de dégâts, collection présentée en 1880, mais considérablement augmentée depuis.

Id. Cazet, instituteur à Villeneuve près Semur (Côte-d'Or), — collection scolaire d'insectes utiles et nuisibles.

Id. M. Chrétien, de Paris, —collection de chenilles soufflées.

M. Ch. Leprevost, de Paris, — collection d'insectes de France.

M. Huchenard, de Paris, — préparation d'un cadre ornemental de lépidoptères.

Id. M. Bravet, de Paris, exposition d'un aquarium d'insectes vivant dans les eaux douces.

Id. M. Guérin, de Paris, exposition d'insectes tinctoriaux et pharmaceutiques.

Rappel de médaille de 2e classe : M. Houry à Mer (Loir-et-Cher), collection d'insectes utiles et nuisibles.

Médaille de bronze du ministre : M. Jolibois, instituteur à Silly-le-Long (Oise).

Médailles de bronze de la Société : M. Souloumiac, de Paris, pour cadre ornemental de Lépidoptères ; M. Paul Berton, de Paris, pour cadres ornementaux de divers insectes ; M. le r. p. Leroy, missionnaire, pour vitrines d'insectes apportés du Zanzibar ; M. Louap, de Paris, pour cadre ornemental de Lépidoptères ; M. Mitrault, de Paris, pour cadres d'insectes de diverses provenances ; M. Carlier, de Paris, pour insectes aquatiques ; M. Guyon, de Paris, pour ses boîtes et épingles à insectes ; M. Penot, de Paris, pour ses appareils de chasse des insectes, ses cartons et boîtes, etc.

Médaille de bronze p. m. : M. Meunier, de Paris, pour ses vitrines d'insectes utiles et nuisibles.

1. Médaille de 1re classe, assimilée à Or ; 2e classe, à Argent.

Mention honorable. M.-J. Legay, de Paris, pour ses vitrines d'insectes.

Id. M. Pay, de Saint-Cyr-l'École, pour ses recherches sur le phylloxera.

2e SECTION. APPAREILS ET MATIÈRES SERVANT A LA DESTRUCTION DES INSECTES. MATIÈRES INSECTICIDES

Médaille de 1re classe : M. Bazire, de Paris, pour sa poudre Desille.

Médaille de 2e classe : M. Razzia, de Paris, pour sa poudre de Pyrèthre.

Id. M. Touery, de Paris, pour sa poudre monténégrine.

Id. M. de Meyer, de Paris, pour l'ensemble de son exposition.

Id. M. Roseau, de Paris, pour sa poudre insecticide.

Id. M. Pelletier, de Paris, pour ses pièges à mouche et ses appareils divers pour la préservation des plantes contre les insectes.

Id. Maison américaine, de Paris, pour son papier conservateur.

Médaille de bronze du ministre : M. Zanperoni, de Venise (Italie) pour ses pastilles combustibles contre les moustiques.

Rappel de médaille de 2e classe : M. Bourgeois, de Paris, pour ses papiers tue-mouches Daubin.

3e SECTION. ENGRAIS INSECTICIDES

Médaille de 1re classe : M. Serpin, de Paris, pour ses engrais à base de goudron.

Id. M. Dubreuil, de Gouern près Paimpol (Côtes-du-Nord), pour ses engrais de résidus de la fabrication de l'iode par le warech.

Médaille de 2e classe : M. Schubler, de Paris, pour ses engrais insecticides.

4e SECTION. CONSERVATION DES MATIÈRES PUTRESCIBLES

Diplôme d'honneur : M. Pennès, de Paris, pour son emploi du vinaigre salicylé pour usage externe antiseptique.

Médaille de 1re classe : M. Turecki, de Paris, pour ses procédés de conservation des peaux.

Médaille de 2e classe : M. Desobry, de Paris, pour son thymol antimiasmatique.

Id. M. Clostre, de Paris, pour le phénol Bobœuf.

Médaille de bronze : M. Puille, de Paris, pour son préservatif contre les insectes qui attaquent les livres.

5e SECTION. POMPES ET INSUFFLATEURS D'INSECTICIDES

Médaille de 1re classe : M. Hazard, de Paris, pour sa pompe simplifiée. sans engrenage ni piston.

Id. M. Dufour, de Paris, pour ses pulvérisateurs à main.

Id. petit module: M. Drouot, de Boulogne (Seine), pour sa pompe perfectionnée.

Mention honorable : M. Brion, de Verdun (Meuse), pour son pal injecteur.

6e SECTION. INSTRUMENTS D'OPTIQUE

Diplôme d'honneur : M. MUIRAND, de Paris, pour ses instruments d'optique propres à l'étude des insectes.

Médaille de 1re classe : M. Malet, de Paris, pour ses instruments d'optique à bon marché.

Rappel de médaille de 1re classe : M. POUZET, de Genève, pour ses instruments d'optique.

Médaille de bronze : M. DESAIX, de Paris, pour ses petits microscopes.

7e SECTION. OBJETS DIVERS

Médaille de 1re classe : M. Guillaumin, de Paris, pour sa collection de coquillages terrestres et fluviaux.

Médaille de 2e classe : M. Boureau, de Paris, pour sa collection d'escargots comestibles, de diverses provenances.

Médaille de bronze : M. Ravenet, de Paris, pour ses peignes perfectionnés.

M. RAVENAC, de Paris, pour ses échelles à écheniller.

Liste des lauréats de la sériciculture.

Rappel d'abeille d'honneur : Mme la baronne DE PAGES, de Paris, pour ses spécimens de papillons, cocons et soies exposés.

Médaille de vermeil de la Société nationale d'encouragement à l'agriculture : M. J. FALLOU, de Champrosay (Seine-et-Oise), pour sa collection d'Attaciens séricigènes, papillons et cocons; éducation à l'air libre de l'*Attacus Pernyi* (Ver à soie du chêne) dans la forêt de Sénart.

Médaille de 1re classe : M. RAMÉ, de Paris, pour sa collection des *Attacus cynthia* et *Pernyi* et de *Sericaria mori*, avec cocons et soies grèges.

Médaille d'argent du Ministre de l'agriculture : M. CAILLAS, de Paris-Auteuil, pour sa magnanerie scolaire et dévidoir.

Médaille de bronze du Ministre : M. LÉON RAGON, pour ses cocons à œufs d'araignée séricigène, utilisables pour les lunettes astronomiques et télescopes.

Médaille de bronze de la Société : M. HENRI TOUAILLON, élève du lycée Charlemagne, pour son éducation de vers à soie du mûrier.

Liste des lauréats de l'enseignement insectologique.

Médaille de 1re classe et prime de 25 francs.

M. Patte, instituteur à Élincourt (Oise).

Rappel de médaille de 1re classe et prime de 25 francs.

MM. Lavenne, inst. à Offlange (Jura).
Marquis, inst. à Chevillé (Sarthe).
Singlas, inst. à Châteaudun (Eure-et-Loir).

Médaille de bronze et prime de 25 francs.

M. Desnoullet varlet, inst. à Arleux (Nord).

Rappel de médaille de 1re classe.

MM. Clerc, inst. à Pontarlier (Doubs).
Delaruelle, inst. à Dieudonné (Oise).
Grandfont, inst. à Thaumiers (Cher).
Humbert, inst. à Raddon et Chapendu (Haute-Saône).
Mavré, inst. à Noiseau (Seine-et-Oise).
Mourot, inst. à Chenicourt (Meurthe-et-Moselle).
Vaillant, inst. à Margny-les-Compiègne (Oise).

Médaille de vermeil. — M. Carlin, inst. à Humbécourt (Haute-Marne).

Médaille d'argent du Ministre. — M. Dallemagne, à Pautaines (Haute-Marne.)

Médaille de 2e classe g. m.

MM. Bidal, inst. à Mignavillers (Haute-Saône).
Mesnard, inst. à Quesnel-Aubry (Oise).

Médaille de 2e classe p. m.

MM. Gery, inst. à Cirfontaine (Haute-Marne).
Picod, inst. à Champfronier (Ain).
Rochaix, inst. à Belley (Ain).

Médaille de bronze p. m.

MM. Duringer, inst. à Beauquesne (Somme).
le Riche, inst. à Gezaincourt (Somme).
Pecquet, inst. à Vendin-le-Viel (Pas-de-Calais).
Pelletier, inst. à Sainte-Croix (Seine-Inférieure).

Médaille de bronze p. m.

MM. Lelièvre, inst. à Saint-Aubin-Clermont (Oise).
Muneret, inst. à Cusance (Doubs).

Une médaille de bronze p. m. a été donnée pour être distribuée à l'un des élèves des écoles de MM. Marquis, Patte, Desnoullet-Varlet, Lavenne, Dallemagne et 2 pour l'école de M. Carlin, aux élèves Dumay et Dodeux.

— Seront proposés au Ministre de l'Instruction publique pour les palmes d'officier d'Académie M. Marquis à Chevillé, et M. Maillet, inst. à Faverney (Haute-Saône), médaille de 1re classe dans la section d'insectologie générale.

2e section. *Livres, Mémoires, Journaux.*

Diplôme d'honneur : à la maison Hachette, de Paris, pour ses Bons-points insectologiques, l'*Insecte* de Michelet, etc.

— Maison J. B. Baillière, pour son ouvrage *les Insectes* de M. Kunkel d'Herculais.

— M. Germer-Baillière, de Paris, pour les ouvrages de Lubbock sur les fourmis, les abeilles et les guêpes.

Médaille de 1re classe, à M. Paragallo, de Nice, pour les deux ouvrages l'*Olivier* ses amis et ses ennemis, et le *Chêne* (manuscrit).

Rappel de médaille d'argent du ministre, à M. Clément, naturaliste à Paris, pour ses dessins d'insectes.

Médaille de 2e classe, à M. Ernest Olivier, des Ramillons (Allier), pour sa *Faune de l'Allier* ; à M. Edmond André à Beaune (Côte-d'Or), pour ses spécimens des *Hymenoptères* d'Europe et d'Algérie.

Médaille de bronze du ministre, à M. Dusuzeau, à Lyon, pour son *Économie nouvelle des élevages des vers à soie* et son *Rapport* et la *Note d'un magnanier*.

Médaille de bronze de la Société g. m. à M. Victor Rollat à Perpignan, pour mémoires sur *les Maladies des vers à soie* et l'*Embryologie*.

— A M. Dubois, à Limoges, pour son ouvrage *Les hôtes du jardin*.

— A M. Paul Francezon, à Alais (Gard), pour ses *Notes sur l'étude de la soie*.

Mention honorable, à M. Arthur Daguin, à Nogent (Haute-Marne) ; pour ses *Notes entomologiques* (manuscrit).

— A M. Bureau fils, à Arras, pour *Rapport sur les vers à soie exotiques*.

P. S. La liste des lauréats de l'apiculture a été tirée à part et se trouve dans l'*Apiculteur* d'août.

---

mp. de la Soc. de Typ. - Noizette, 8, r. Campagne-Première, Paris

www.ingramcontent.com/pod-product-compliance
Lightning Source LLC
LaVergne TN
LVHW052018160826
845678LV00003B/1106

* 9 7 8 2 3 2 9 6 4 0 2 5 9 *